ISBN 978-0-260-97323-8
PIBN 10995977

HENRICI, F. C.

Bemerkungen über die neuen di

landwirthschaft betreffenden chem

briefe des Herrn. v. Liebig.

# Bemerkungen

über die neuen

die Landwirthschaft betreffenden

# chemischen Briefe des Herrn v. Liebig.

Von

**F. C. Henrici,**

Domainenpächter in Harste bei Göttingen.

Göttingen,

Vandenhoeck und Ruprechts Verlag.

1858.

Druck von W. Fr. Käſtner.

# Vorwort.

Da Herr von Liebig in seiner herausfordernden Weise die Ueberzeugung aussprach, daß von den vorhandenen mehr als hundert landwirthschaftlichen Zeitschriften keine einzige von seinen Briefen Notiz nehmen werde, so war es mein Wunsch, daß die nachfolgenden Bemerkungen in das jetzt hier erscheinende Journal der Landwirthschaft bald aufgenommen würden. Das der Redaktion eingesandte Manuskript wurde mir jedoch mit dem Bemerken zurückgegeben, daß bereits für ein halbes Jahr Material vorhanden sei. Um mich nicht noch anderweiten Ablehnungen auszusetzen, habe ich mich lieber entschlossen, meine Arbeit selbständig erscheinen zu lassen, da ich es bei der Wichtigkeit des in Rede stehenden Gegenstandes für eine Pflicht halte, die Irrthümer, welche ich in den chemischen Briefen erkannt zu haben glaube, zu weiterer Prü-

1*

sung öffentlich darzulegen. Die Rüge, welche ich über Hrn v. Liebig's übermüthige Behandlung der Landwirthe auszusprechen nicht habe unterlassen können, wird jeder Unbefangene völlig gerechtfertigt finden.

Göttingen, 10. Februar 1858.

Der Verfasser.

# Bemerkungen

über

## die neuesten chemischen Briefe des Herrn v. Liebig.

(Vorgetragen am 27. Januar 1858 in der landwirthschaft=
lichen Versammlung in Göttingen.)

## I. Bodenerschöpfung.

Es ist gewiß im höchsten Grade zu bedauern,
daß Herr von Liebig mehr und mehr dahin gekom=
men ist, seine agrikulturchemischen Abhandlungen
mit unwürdigen Schmähungen und Verhöhnungen
der Landwirthe auszuschmücken. Der Stand der
Landwirthe ist ein ehrenhafter und zählt unter sei=
nen Mitgliedern ohne Zweifel vollkommen so viele
strebsame und einsichtsvolle Männer, als irgend ein
anderer Stand. Der Vorwurf der Unwissenheit,
welchen Herr v. Liebig bei jeder Gelegenheit den
Landwirthen zu machen liebt, ist ein sehr unbegrün=
deter; es ist vielmehr gar nicht zweifelhaft, daß ein
großer Theil der obwaltenden Mißverständnisse we=
sentlich aus Herrn von Liebig's ungenügender Be=
kanntschaft mit dem Umfange und dem Werthe der
vorhandenen landwirthschaftlichen Erfahrungen her=
vorgegangen ist. Diese Erfahrungen sind das Re=
sultat sorgsamer und oft wiederholter Naturbeob=
achtungen und haben noch keinen Landwirth, der

sie mit verständiger Ueberlegung anwandte, im Stiche
gelassen.

Mit ermübender Ausführlichkeit behandelt Herr
v. Liebig in seinen neuen chemischen Briefen \*) die
Erschöpfung des Bodens durch die von demselben
gewonnenen Ernten, erkennt jedoch zum ersten Male
als eine durch die Erfahrung von Jahrtausenden
vollkommen festgestellte Thatsache an, daß die Fruchtbarkeit eines erschöpften Feldes durch Stallmist
wiederhergestellt wird. Die Wirkung des Stallmistes
leitet Hr. v. Liebig bloß von seinen unorganischen
pflanzennährenden Bestandtheilen her und wider-
spricht der Ansicht anderer Chemiker, welche dem im
Stallmiste enthaltenen Stickstoff einen großen Theil
der Wirkung desselben zuschreiben. Hr. v. Liebig
wendet in dieser Streitfrage seine Pfeile jetzt besonders gegen die Landwirthe, welche durch sie jedoch
keineswegs getroffen werden, da der ganze Streit
von Chemikern ausgegangen und von diesen auch
der Versuch einer Preisbestimmung des in den verschiedenen Düngemitteln enthaltenen Stickstoffs gemacht worden ist.

Der Landwirth weiß jedoch aus positiven Erfahrungen, daß kein Boden fruchtbar ist, wenn er
nicht eine gewisse Menge organischer in Verwesung
begriffener Substanz enthält; er unterscheidet den in
Kultur befindlichen fruchtbaren von dem unkultivirten

---

\*) Allgemeine Zeitung. August und September 1857.

sogenannten todten Boden, in welchem die Fruchtbarkeit erst mit dem Hinzutreten verwesender organischer Substanz beginnt, wie günstig auch übrigens
seine chemisch=mineralogische Zusammensetzung sein
mag. Diese Erfahrung stimmt mit den in der Natur allgemein stattfindenden Vorgängen vollkommen
überein. Auf der erblosen dürren Oberfläche eines
Steines bleibt zufällig der vom Winde herbeigeführte
Samen einer Steinflechte haften, keimt mit Hülfe
hinzukommender Feuchtigkeit und entwickelt sich zu
einem Pflänzchen, welches sich allmälig in wunder-
barer Weise auf dem Steine ausbreitet und darauf
eine Decke von zunehmender Dicke bildet. Seine
Nahrung zieht es aus der Luft und (vermöge deren
Feuchtigkeit und Kohlensäure) aus dem harten Stein,
welchen es bekleidet. Die abgenutzten Theile der
Flechte sterben allmälig ab und werden zu Erde.
Auch die Wurzeln der Flechte (überhaupt aller
Pflanzen) stoßen im Fortwachsen beständig abge-
nutzte Theile von ihrer Oberfläche ab, welche sofort
der Zersetzung unterliegen und in Pflanzennahrnng
umgebildet werden. Die auf solche Weise entste-
hende geringe Erdmenge reicht mit der Zeit hin,
ein Samenkorn von einer höheren Pflanze aufzunehmen und zum Keimen zu bringen. So wie dieses erfolgt ist, breitet die neue junge Pflanze ihre
kleinen Wurzeln in der geringen Erddecke aus, bietet dadurch ihrerseits wieder die Gelegenheit zur An-
siedelung schützender Moose, welche besonders geeig-

net sind, die nöthige Feuchtigkeit aufzunehmen und
zurückzuhalten, während durch alle diese Vorgänge
zugleich die Oberfläche des Steins, der die kleine
Pflanzengesellschaft trägt, immer mehr angegriffen
und zur Mitwirkung bei der Ernährung derselben
fähig gemacht wird. Ist die höhere Pflanze ein
Baum, so treibt dieser seine Wurzeln immer weiter
über den Stein hin, bis es diesen gelingt, den Erd=
boden zu erreichen, womit das Leben des Baums
gesichert ist. Große Felsblöcke findet man in Ge=
birgsgegenden häufig von den kräftigen Wurzeln ho=
her auf ihnen thronender Bäume (besonders Nadel=
bäume) umklammert, welche von da aus nach allen
Richtungen im Boden sich ausbreiten.

Wir sehen hier aufs deutlichste, wie die Natur
selbst darauf hinarbeitet, überall als Grundlage hö=
herer Pflanzenbildung ein mit verwesender organi=
scher Substanz (also auch mit Stickstoff) reichlich
versehenes Erdreich aus den ersten Anfängen der
Vegetation hervorgehen zu lassen. Die Unentbehr=
lichkeit verwesender organischer Stoffe im Boden für
die Entwickelung höherer Pflanzen kann also wohl
im geringsten nicht bezweifelt werden. Bei dem so
eben geschilderten Hergange zieht die erste Pflanze,
die Steinflechte, ihren Bedarf an Stickstoff aus
dem in der Luft verbreiteten Ammoniak, die nach=
folgende höhere Pflanze findet aber auch bereits im
Boden neben unorganischen Nährstoffen einen Vor=
rath von Ammoniak, welchen sie durch ihre Wur=

zeln sich aneignen kann. Es ist schwer zu begreifen wie Hr. v. Liebig mit der größten Hartnäckigkeit die Entbehrlichkeit dieses durch den Verwesungsprozeß im Boden sich bildenden Ammoniaks fortwährend behaupten mag. Boussingault zieht dagegen aus seinen Vegetationsversuchen in künstlichen Erdmischungen den Schluß, daß der phosphorsaure Kalk, die alkalischen und erdigen Salze, obwohl unerläßlich für den Aufbau der Pflanze, doch nur dann eine Wirkung äußern, wenn sie sich mit Stoffen zusammenfinden, die assimilirbaren Stickstoff abgeben können, und daß die in der Atmosphäre vorkommenden assimilirbaren Stickstoffverbindungen in zu geringem Verhältniß einwirken, als daß dadurch, in Abwesenheit eines stickstoffhaltigen Düngers, eine reichliche und rasche Pflanzenproduktion bewirkt werden könnte *).

Bei unserm künstlichen Pflanzenbau wird nun offenbar dem Boden allmälig eine gewisse Menge von allen darin enthaltenen Pflanzennährstoffen entzogen, welche ersetzt werden muß, wenn dem Boden seine Fruchtbarkeit (Produktionskraft) dauernd erhalten werden soll. Diesen Ersatz giebt der Landwirth seinem Boden durch Bearbeitung und Düngung. Es ist vollkommen klar, wie Hr v. Liebig erörtert, daß eine Pflanze in einem gegebenen Boden nur dann zur Vollkommenheit gelangen

---

*) Zeitschr. für deutsche Landwirthe 1857. 9. 286.

kann, wenn sie darin alle die ihr nothwendigen mine=
ralischen Nährstoffe, ohne Ausnahme auch nur eines
einzigen, in genügender Menge (und in disponibler
Form!) findet. Die Bestandtheile der Pflanzen sind
theils verbrennliche, theils unverbrennliche. Die er=
steren entstehen aus Kohlensäure, Wasser und Am=
moniak; die letzteren sind: Phosphorsäure, Kali,
Kieselsäure, Schwefelsäure, Kalkerde, Bittererde, Ei=
sen, Kochsalz. „Alle verbrennlichen Pflanzenbestand=
theile, sagt Hr. v. Liebig, stammen aus der Luft,
und nicht aus dem Boden; der Kulturboden
wird durch die Kultur nicht ärmer an organi=
schen oder verbrennlichen Stoffen; im Wiesenboden
nimmt die organische Masse zu, ein abgeerntetes
Kleefeld enthält davon mehr (mehr Stickstoff) als
zuvor, ist aber für den Klee unfruchtbar geworden
2c. 2c.". Hiermit übereinstimmend nimmt Hr. v.
Liebig eine Erschöpfung des Bodens nur hinsichtlich
seiner mineralischen Pflanzennährstoffe (Aschenbe=
standtheile) an und stellt sodann die inhaltschwere
Behauptung auf, „daß das seit einem halben Jahr=
hundert befolgte System des Feldbaues ein Raubsy=
stem sei, welches, wenn es beibehalten werde, in ei=
ner berechenbaren Zeit, den Ruin der Felder und
die Verarmung der Nachkommen unabweislich nach
sich ziehen werde" *).

_____

*) Eine andere ganz unbegreifliche Aussage des Hrn. v.
Liebig ist folgende: „Die Praxis behauptet, daß alle Felder
die Aschenbestandtheile aller Pflanzen in unerschöpflicher Menge

Stellen wir uns einen mit allen mineralischen Pflanzennährstoffen in geeignetem Zustande ursprünglich wohl versehenen Boden, wie solcher unter den aufgeschwemmten Böden gar nicht selten ist, vor, so ist gewiß nicht zu bezweifeln, daß derselbe durch fortgesetzte Ernten ohne hinreichenden Ersatz des ihm genommenen en d l i ch an . den fraglichen Stoffen, wenigstens so weit sie assimilirbar da sind, erschöpft werden muß. Der Landwirth glaubt nun aber, gestützt auf die ihm vorliegenden zuverlässigen Erfahrungen, daß der erforderliche Ersatz bei einem diesen Erfahrungen entsprechenden Betriebe des Feldbaues vollständig erfolge, ohne sich jedoch darüber, w i e dieses geschehe, befriedigende Rechenschaft geben zu können.

Es sei mir erlaubt, zur Aufklärung der hochwichtigen Frage Folgendes zu bemerken:

1. Es ist ganz unzweifelhaft, daß der verständige Landwirth durch umsichtige Benutzung der vorhandenen Erfahrungen einen erschöpften Boden wieder fruchtbar machen und fruchtbar erhalten kann. Einen Ackerboden, welcher u n h e i l b a r erschöpft wäre, giebt es nicht; wenn unter gegebenen Umständen diese oder jene Kulturpflanze auf einem ihr sonst zusagenden Boden nicht mehr gedeihen

enthalten". Wenn die Praxis solchen Unsinn glaubte, so würde sie wohl nicht seit uralter Zeit die ausgedehnteste Anwendung von Mergel, Kalk, Gyps, Asche ꝛc. ꝛc. gemacht haben.

will (abgesehen von ungünstigen Witterungsver=
hältnissen c. c.), so sind bei ihrer Kultur jeden=
falls Fehler begangen worden. Die landwirthschaft=
lichen Erfahrungen sind gewissermaßen der Aus=
druck von Naturgesetzen, von deren Befolgung (und
weiterer Ausbildung) der Erfolg eben so gewiß ab=
hängt, wie in Fabriken von der Befolgung bewähr=
ter Verfahrungsarten.

2. Die Kultur der Wälder ist uralt, eine Abnahme
der Fruchtbarkeit des Waldbodens aber keineswegs
wahrzunehmen, sondern vielmehr eine stetige Zunahme
derselben, trotz der ungeheuren Masse der geschla=
genen Bäume. Dürrer Sandboden kann durch vor=
gängige Erziehung und Abtreibung eines Kiefern=
waldes nicht nur verbessert, sondern auch mit Erfolg
für den Ackerbau vorbereitet werden. Die Kiefern=
wurzeln verbreiten sich aber in der Oberfläche und
holen ihre Nahrung nicht aus der Tiefe.

3. In jedem, auch dem momentan ganz erschöpf=
ten Boden sind die seiner mineralogischen Zusam=
mensetzung entsprechenden Bestandtheile im unaufge=
schlossenen Zustande immer vorhanden und können
durch alle die Verwitterung des Bodens bewirken=
den und befördernden Mittel disponibel gemacht
werden. Ein sehr wirksames Mittel dieser Art ist
die Brache. Wird ein ganz erschöpftes Feld gebracht
und dann sich selbst überlassen, so überzieht es sich
mit einer Decke wildwachsender Pflanzen, durch de=
ren Umpflügen schon wieder einige Fruchtbarkeit

gewonnen wird, welche durch Fortſetzung des Ver-
fahrens beliebig geſteigert werden kann. In Haid-
und Moorgegenden ſchält und brennt man ſeit uralter Zeit die Bodendecke, ſtreut die Aſche aus und
zieht ohne weiteres einige Ernten von dem ärmli-
chen Boden, welchen man darauf ſo lange wieder
ſich ſelbſt überläßt, bis er wieder mit einer neuen
Pflanzendecke überzogen iſt, mit der man daſſelbe
Verfahren wiederholt.

Die Verwitterung des Kulturbodens
kann nur aufhören, wenn die Bodenmaſſe
ſelbſt verzehrt ſein wird, was aber gewiß
nicht in einer berechenbaren Zeit geſchehen kann.
Jedes thonige Erdtheilchen, überhaupt jedes Mine-
ralkörnchen bewahrt die Beſtandtheile des Geſteins,
aus deſſen Zertrümmerung der Boden hervorgegan-
gen iſt. Die Verwitterung des Bodens und der
Geſteine ſchreitet unaufhaltſam fort und wir können ſie nicht hindern. Durch die Bearbeitung des
Bodens wird ſie befördert, durch eine Raſendecke
merklich verzögert. Sie nagt auch am feſteſten Ge-
ſtein und lockert es allmälig, löſ't auch vom dichte-
ſten wenigſtens Obenflächentheile ab. Die getrennten Theile werden durch ihre eigne Schwere, durch
Wind und atmoſphäriſche Waſſer in die Tiefe geführt, wo ſie ſich unter Umſtänden anhäufen. Zu
dem, was vom fruchtbaren Boden durch die Pflanzen hinweggenommen wird, kommt noch hinzu, was
durch die atmoſphäriſchen Waſſer (beſonders durch

ausgiebige Regen und Schneeschmelzung) oberfläch=
lich fortgeführt wird, und dieses beträgt für unzäh=
lige Bodenlagen ohne Zweifel viel mehr, als jenes.
Die Massen von Schlamm, welche unaufhörlich
durch die Flüsse ins Meer abgeführt werden, über=
steigen weit die Vorstellung, die man bei oberfläch=
licher Betrachtung sich davon macht. Zwar wird
in den der Ueberschwemmung ausgesetzten Tieflän=
dern ein Theil dieses Schlammes wieder abgesetzt
und deren Boden dadurch allmälig erhöht, wie es
z. B. in Flußniederungen fortwährend geschieht (in
Aegypten beträgt die durch die jährlichen Nilüber=
schwemmungen bewirkte Bodenerhöhung über 30
Fuß); auch wirft an manchen Küsten das Meer so
viel schlammigen Boden empor, daß derselbe von
Zeit zu Zeit durch Eindämmung dem Meere abge=
wonnen werden kann (z. B. an den Nordseeküsten);
— aber der weit überwiegend größte Theil des von
den Flüssen fortgeführten Bodens wandert ins tiefe
Meer und ist für die Menschen verloren.

Von der unaufhaltsam fortschreitenden Verwit=
terung des Bodens (des ungefrorenen und unaus=
getrockneten nämlich) kann man sich durch einen ein=
fachen Versuch überzeugen. Wenn man in einen
geräumigen Glastrichter ein Filter aus grauem
Löschpapier legt, dieses vorsichtig mit reinem (destil=
lirtem) Wasser anfeuchtet und andrückt, auf dasselbe
eine Portion zerkleinerte Erde schüttet und diese,
nachdem die Trichteröffnung mit einem Korkstöpsel

verschlossen worden, mit reinem Wasser übergießt,
so erhält man (nach einigen Tagen ruhigen Stehens)
beim Abziehen des Korkstöpsels eine gewöhnlich
schwach gelblich gefärbte Flüssigkeit, in welcher durch
Hülfe chemischer Reagentien die Anwesenheit geringer Mengen löslicher Salze erkannt wird. Bedeckt
man nun den Trichter mit einer Glasscheibe, um
die Austrocknung der feuchten Erde zu verhüten,
und gießt nach einiger Zeit wieder etwas reines
Wasser darauf, so findet man in dem Durchlauf bei
dessen chemischer Prüfung abermals die beim ersten
Versuch aufgefundenen Substanzen (wenigstens großentheils) und dasselbe zeigt sich bei weiteren Wie-
derholungen des Versuchs. Offenbar ist es die in
der feuchten Erde ununterbrochen vorgehende Verwitterung, welche dem durchfließenden Wasser die
Substanzen, die es aufnimmt, in löslicher Form
darbietet.

Bekanntlich hat Kuhlmann durch interessante
Versuche bewiesen, daß der Heuertrag der Wiesen
durch Bedüngung derselben mit verschiedenen salini-
schen Substanzen (schwefelsaurem Ammoniak, salpetersaurem Kalk und Natron, Salmiak mit phosphorsaurem Kalk, Guano 2c.) sehr bedeutend und zwar
in verschiedenem Maaße vergrößert wird *). Ohne

---

*) Den Landwirthen ist die Wirksamkeit mancher Mine-
ralsubstanzen auf den Gräswuchs seit langer Zeit wohlbe-
kannt; ich brauche nur auf die häufige Verwendung der Holz-
asche auf Wiesen zu erinnern.

Zweifel beruht die Wirkung dieser Düngmittel (wenig=
stens großentheils) darauf, daß der Wiesenboden durch
seine Grasnarbe und Ruhe der Einwirkung der Atmo=
sphäre in hohem Grade entzogen, daß bei demselben
also eine fortschreitende Verwitterung (Aufschließung
seiner gebundenen mineralischen Bestandtheile und
Verwesung der vorhandenen organischen Substan=
zen) mehr oder weniger gestört ist. Das dichte
Wurzelgeflecht der Wiesenpflanzen kann demnach die
zu deren Entwickelung erforderlichen löslichen Stoffe
der obersten Bodenschicht desto leichter entziehen, je
geringer die Tiefe dieses Wurzelgeflechts zu sein
pflegt und je geringer, in Folge der gestörten Ver=
witterung, der durch diese zu gewährende Ersatz der
verbrauchten Substanzen ist. Irre ich nicht, so ist
die große und stets sich erneuernde Wirkung der
Wiesenbewässerung, welche (wenn nur das Wasser
keine schädlichen Substanzen enthält) die Ergiebig=
keit der Wiesen dauernd zu erhalten vermag, zum
großen Theile der durch das zugeführte lufthaltige
(also Sauerstoff, Kohlensäure und Ammoniak ent=
haltende) Wasser bewirkten Verwitterung des Wiesen=
bodens zuzuschreiben; das zu Bewässerungen benutzte
Wasser ist oft an gelösten Mineralsubstanzen sehr
arm (z. B. im Gebiete des bunten Sandsteins 2c.)
und übt gleichwohl auch dann die günstigste Wir=
kung auf den Graswuchs aus.

4. Aufgeschlossen kann durch Verwitterung na=
türlicherweise nur werden, was gebunden im Boden

vorhanden ist. Wenn einem Boden wesentliche Mineralsubstanzen fehlen, so können sie durch seine Verwitterung nicht hinzukommen und müssen in solchem Falle künstlich zugeführt werden. Nicht bloß mit dem Sandboden, der so ungeheure Strecken auf der Oberfläche der Erde bedeckt, ist dieses der Fall, sondern auch bei sehr vielen ihrer ganzen sonstigen Beschaffenheit nach werthvollen Bodengattungen. Der als landwirthschaftliche Hauptdünger stets zu betrachtende Stallmist kann einen erheblichen Mangel an Mineralsubstanzen im Boden nicht genügend ersetzen, insofern alle Pflanzen, die auf einem solchen Boden angebaut werden, also auch die Futterpflanzen, den fraglichen Mangel begreiflicherweise theilen. Bei dem großen, allen lebenden Organismen eigenen und für ihre Existenz hochwichtigen Akkommodationsvermögen ist nämlich nicht zu bezweifeln, daß die Pflanzensubstanz nicht so bestimmte Mengenverhältnisse ihrer Bestandtheile zeigen werde, wie die unorganischen Naturkörper. Für eine vollkommenste Pflanze mag dieses der Fall sein; aber die Natur bringt keine vollkommenen Pflanzen (Organismen) hervor, was auch, streng genommen, sogar von den unorganischen Naturkörpern gesagt werden kann. Daher sehen wir denn auch oft die bedeutendste Wirkung von der Aufführung kalkhaltiger Erden, Mergel, Gyps, sogar Sand 2c. *). Wenn also Hr. v. Liebig

---

*) Als ein Beispiel für die obige Behauptung will ich

2

sagt, „der Landwirth stelle durch Stallmist natur=
gesetzlich die verlorene Ertragsfähigkeit des Bo=
dens wieder her," so ist dieser Ausspruch unstreitig
zu allgemein und hat nur eine bedingte Gültigkeit.
Die Wirkung des Stallmistes beruht übrigens, was
nicht zu vergessen ist, keineswegs nur auf seinem
Gehalt an pflanzennährenden Stoffen, sondern hängt
auch wesentlich zusammen mit dem ganzen Prozeß
seiner Zersetzung, welche auf den Boden durch Be=
förderung seiner Lockerheit, Verwitterung, Absorp=

---

nur anführen, daß der Kalkgehalt vieler aus der Verwitte=
rung von Sandsteinen entstandener Bodenlagen so gering ist,
daß er das Nahrungsbedürfniß vieler Kulturpflanzen nicht
zu befriedigen vermag. Diese können sich auf solchen Böden
denn auch nicht gehörig entwickeln und als Futterpflanzen
auch dem Dünger nicht eine hinreichende Menge von Kalk
zuführen. Durch so bedeutenden Kalkmangel wird aber auch
die Bodenthätigkeit ausnehmend geschwächt, und es ist kein
Wunder, wenn auf solchen Böden durch Aufführung von
Mergel, Tuffkalk rc. die Vegetation wie durch einen Zauber=
schlag verändert wird. Bekanntlich war man eine zeitlang
hinsichtlich des Mergels nicht ohne Bedenklichkeit; der Mer=
gel, hieß es, mache reiche Väter und arme Kinder. Dieses
in düngerarmer Zeit entstandene Sprichwort paßt jedoch
auf die heutige Landwirthschaft nicht mehr. In der That ist
auch bei der stärksten Mergelung die Zufuhr von Kalk nur
äußerst unbedeutend verglichen mit dem Kalkgehalt der kalk=
reicheren Böden, zu denen die allerfruchtbarsten gehören, so
daß man hinsichtlich des Mergels sich wahrlich keine Sorge
zu machen braucht. Die Verwendung des gebrannten
Kalks erfordert jedoch besondere Rücksichten.

tionsfähigkeit, Wasseranhaltung 2c. aufs günstigste
einwirkt.

5. Man kann annehmen, daß ein jeder Boden (in
Folge seiner ganzen physischen Eigenthümlichkeit, seines
Gehalts an organischen und unorganischen Stoffen,
seiner Verwitterbarkeit 2c.) ein gewisses ihm eigenthüm=
liches specifisches Produktionsvermögen besitze, welches
ihm durch eine angemessene Kultur ohne Schwierig=
keit erhalten werden kann. Mit diesem natürlichen,
häufig mehr oder weniger beschränkten Produktions=
vermögen, will aber der Landwirth sich oft genug nicht
begnügen, sondern Erträge gewinnen, welche darüber
hinausgehen. Je mehr dieses der Fall ist, desto
mehr muß die natürliche Fruchtbarkeit des Bodens
durch künstliche Mittel gesteigert werden. Man kann
hiernach zwei wesentlich verschiedene Arten des Acker=
baubetriebes unterscheiden, einen solchen nämlich, der
sich mehr den gegebenen natürlichen Bedingungen an=
schließt, und einen solchen, der nach Art der In=
dustrie den Boden nur als ein Mittel benutzt zur
Erzeugung einer möglichst großen Menge geldbrin=
gender Produkte. Die erste Art des Betriebes wird
vermuthlich immer die allgemeinere bleiben, sie bleibt
von den Gefahren der zweiten Betriebsart unberührt,
welche um so größer sind, je mehr durch Kunst er=
zwungen werden soll, was durch einfache Mittel
nicht zu erreichen ist. Gleichwohl kann die letztere
unter günstigen Umständen (z. B in der Nähe gro=
ßer Städte durch Benutzung des aus denselben zu

2*

erlangenden wirkſamen Düngers) große Erfolge er=
reichen. Aus dieſem allen geht unwiderſprechlich her=
vor, daß für den Landwirth nichts wichtiger iſt,
als eine möglichſt vollſtändige Kenntniß des von ihm
bearbeiteten Bodens; ſie allein führt ihn zu einer
ſicheren Beurtheilung deſſen, was er vernünftiger=
weiſe von ſeinem Boden erwarten kann.

6. Man hat bisher die Atmoſphäre hinſicht=
lich der Zuführung mineraliſcher pflanzennährender
Stoffe faſt ganz unbeachtet gelaſſen. Es giebt jedoch
Erſcheinungen genug, welche einen erheblichen Ein=
fluß derſelben auf die Vegetation erkennen laſſen.
Der kräftige Gras= und Baumwuchs an vielen Mee=
resküſten z. B. iſt ohne Zweifel nicht etwa nur der
daſelbſt vorherrſchenden feuchteren Luft, ſondern auch
beſonders dem Gehalte derſelben an verſchiedenen
durch die Verdunſtung aus dem Seewaſſer mit em=
porgeriſſenen fixen Beſtandtheilen zuzuſchreiben. Es
iſt bekannt, daß die Seeluft die Salztheilchen ꝛc.,
die ſie ſchwebend enthält, noch weit landeinwärts mit
ſich führt, wodurch ſich alſo ihr Einfluß auf die
Vegetation auch weiter verbreitet. Die atmoſphäriſche
Luft iſt aber überhaupt von fremdartigen in ihr
ſchwebenden Theilchen faſt nie frei. Sie geben ſich
zu unſerer immerwährenden Beläſtigung als Staub
zu erkennen. Der Urſprung des atmoſphäriſchen
Staubes kann oft in großer Ferne liegen; es iſt
bekannt, daß die vulkaniſche Aſche in ungeheure Ent=
fernungen fortgeführt wird, daß die von den glü=

henden Sandflächen der afrikanischen Wüsten auf=
steigenden Staubwolken häufig weit entfernte Schiffe
auf hoher See einhüllen. Danach scheint es keines=
wegs unglaublich, daß die Atmosphäre auch durch
die als Staub in ihr schwebenden festen Körperchen
merklich auf die Vegetation möge einwirken können.
Daß die Luft sehr häufig eine der Thier= und Pflan=
zenwelt schädliche krankmachende Beschaffenheit be=
sitzt, welche auch nur von fremdartigen Beimengun=
gen herrühren kann, bezweifelt niemand, wenngleich
eine befriedigende Erklärung darüber noch nicht ge=
geben werden kann.

7. Es giebt viele Erscheinungen in der Natur,
die mit der allmäligen Abnahme des Kul=
turbodens Aehnlichkeit haben. Die anscheinend
unerschöpfliche Ergiebigkeit der Mineralquellen z. B.
hat in der That etwas wunderbares. Sie fließen
seit Jahrtausenden; ob die Menge ihrer Bestand=
theile sich im Laufe der Zeit merklich vermindert, ist
bisjetzt unbekannt und wird nur durch in längeren
Zeiträumen zu wiederholende chemische Untersuchun=
gen (unter Anwendung der vollendetsten Hülfsmittel
der Wissenschaft) ermittelt werden können. Gleich=
wohl ist nicht daran zu zweifeln, daß es, streng
genommen, wirklich der Fall sein müsse, weil der
Vorrath, von welchem gezehrt wird, nicht absolut
unerschöpflich sein kann. Mit dem Sauerstoff der
Atmosphäre dürfte es eine ähnliche Bewandniß ha=
ben. Die Pflanzen athmen, wie die Thiere, atmo=

sphärische Luft ein und hauchen Wasser und Kohlen=
säure aus. Daneben aber haben alle grünen Pflan=
zentheile das merkwürdige Vermögen, unter Einwir=
kung des Sonnenlichts die Kohlensäure, die sie ent=
halten, zu zerlegen, die Kohle derselben in Pflanzen=
substanz zu verwandeln und den Sauerstoff auszu=
scheiben. Dieser Funktion schreibt man nun eine
außerordentlich große Wirkung zu, nämlich die Er=
setzung des durch den Lebensprozeß im allgemeinen
und durch alle Arten von Verbrennungsprozessen in
größter Menge verbrauchten atmosphärischen Sauer=
stoffs. Wenn man aber bedenkt, wie klein auf der
Erde der mit grünenden Pflanzen bedeckte Theil ihrer
Oberfläche, verglichen mit dem von ewigem Eis und
Schnee, von Wasser, von dürrem Sand und Fels
bedeckten Theile ist, daß ferner, die fragliche Wir=
kung nur im Sonnenlichte (also nur am Tage) er=
folgt und daß der überwiegend größte Theil der
mit Pflanzen bekleideten Flächen grünende Pflan=
zen nur während weniger Sommermonate trägt, so
wird man in der That geneigt zu zweifeln, daß die
fragliche Sauerstoffausscheidung der Pflanzen die
angenommene Wirkung auch nur annähernd haben
könne, und man kann sich der Ansicht nicht erweh=
ren, daß es mit dem Verbrauch des atmosphärischen
Sauerstoffs sich vielmehr ebenso verhalten möge wie
mit andern der endlichen Aufzehrung unterliegenden
irdischen Vorräthen.

Der in unsern Tagen ins Ungeheure getriebenen

Ausbeutung der in der Erde geborgenen Kohlen- und Erzlager nur beiläufig gedenkend, will ich, weiter greifend, schließlich noch daran erinnern, daß auch die Wärme der Sonne und mit ihr die Wärme aller Körper des Planetensystems im Laufe der Zeiten allmälig unfehlbar abnimmt, obgleich (nach den genauesten astronomischen Berechnungen) die mittlere Wärme der Erdoberfläche seit den ältesten historischen Zeiten nicht um eine angebbare Größe abgenommen hat. Wenn nach diesem allen der jetzige Zustand der Natur allerdings nicht für eine ewige Dauer eingerichtet ist, so liegen doch offenbar daraus geschöpfte Bedenken ganz außerhalb des Gebietes der menschlichen Thätigkeit.

Es sei mir nun erlaubt, das Wesentlichste aus dem im Vorigen Ausgeführten zusammen zu stellen:

1. Jeder Boden enthält die seiner mineralogischen Zusammensetzung entsprechenden unorganischen Bestandtheile in solcher Verbindung und Gebundenheit, daß eine Aufzehrung derselben durch den Pflanzenbau nicht angenommen werden kann.

2. Die mineralogische Zusammensetzung der Ackerböden ist, je nach ihrer Abstammung, unendlich verschieden. Sehr vielen ausgedehnten Bodenlagen fehlt es ursprünglich mehr und weniger an diesen oder jenen unorganischen pflanzennährenden Substanzen, welche auch nicht durch den an Ort und Stelle gewonnenen Stallmist zugeführt werden können. In vielen Fällen ist daher eine anderweite

Zufuhr der fehlenden Substanzen zur Erreichung eines befriedigenden Ertrages unerläßlich, was jedoch oft keine leichte Aufgabe ist, da die Benutzung der käuflichen Düngemittel durch deren Preiserhöhung und Verfälschung mit jedem Tage schwieriger wird. Der wirksamste Dünger und zugleich von der allgemeinsten Anwendbarkeit ist ohne Zweifel der in großen Städten sich sammelnde und es ist im höchsten Grade wünschenswerth, daß derselbe dem Ackerbau zugänglicher gemacht werden möge.

3. Die vorhandenen landwirthschaftlichen Erfahrungen bieten schon jetzt die Mittel, einen Acker zu hohem Ertrage zu bringen; mit ihrer weiteren Ausbildung und der zunehmenden Kenntniß des Bodens werden auch die Bodenerträge ohne Zweifel allmälig zunehmen. Abweichungen von den als wahr erkannten Erfahrungsgrundsätzen, Uebertreibung erschöpfender Kulturen werden sich immer durch ungünstige Erfolge bestrafen. Die Menschen sind freilich nur zu oft zu Wagnissen dieser (wie jeder andern) Art geneigt in der Hoffnung, daß ihr unverständiges Beginnen dennoch gelingen könne. Für die unausbleiblichen Folgen solchen Beginnens darf man aber die Landwirthschaftskunde nicht verantwortlich machen und eben so wenig für die durch ungünstige Witterungsverhältnisse verursachten Störungen in der Pflanzenkultur.

4. Eine unheilbare Bodenerschöpfung giebt es nicht. Wenn Hr. v. Liebig als abschreckendes Bei=

spiel eines räuberischen Feldbaues uns die Veröbung von Unteritalien und Sicilien vorführt, so wird man schwerlich verkennen können, daß hier Ursache und Wirkung mit einander verwechselt zu sein schei= nen. Einbrechender Barbarei muß jede, auch die best= gegründete menschliche Thätigkeit erliegen. Warum, kann man fragen, ist denn nicht auch Oberitalien veröbet, warum sehen wir in der Lombardei und Piemont, trotz vielfach ungünstiger Bodenverhältnisse und häufiger zerstörender Naturereignisse, den Feldbau fortwährend in der höchsten Blüthe? Doch nur des= halb, weil er dort von betriebsamen thätigen Men= schen mit Sorgfalt betrieben und von den entwickelt= sten Bewässerungsanstalten (ohne welche in wärme= ren Ländern mit einigermaßen trocknem Klima der Ackerbau niemals gedeihen kann) unterstützt wird. Dieselben Mittel würden sicherlich auch heute noch in Sicilien und Unteritalien ähnliche Erfolge her= beiführen.

## II. Absorptionsvermögen der Ackererden.

Die neuen chemischen Briefe des Hrn. v. Liebig enthalten wissenschaftliche Angaben vom höchsten In= teresse. Sie berühren ein Gebiet, welches noch we= nig untersucht worden ist, unstreitig aber die sorgfäl= tigste Bearbeitung verdient. Die Erscheinungen, um die es sich handelt, gehören in das große Gebiet der sogenannten Absorptionserscheinungen,

welche überhaupt in der Natur eine höchst bedeu=
tende Rolle spielen. Wenn man auf eine Portion
Erde eine Lösung von verschiedenen Substanzen
schüttet, so übt die Erde auf dieselben je nach ihrer
Natur eine sehr verschiedene, mehr oder minder be=
deutende Einwirkung aus; bei manchen Lösungen ist
dieselbe sehr gering, so daß sie fast unverändert durch
die Erde hinburch gehen, bei andern Lösungen wird
die gelöste Substanz zum Theil in der Erde zurück=
gehalten (von derselben absorbirt), so daß die
Lösung mehr oder weniger verdünnt abfließt, und
bei noch andern Lösungen bewirkt die Erde eine Zer=
setzung, so daß von den getrennten Bestandtheilen
der gelösten Substanz der eine oder andere, zuwei=
len in einer neuen Verbindung, abfließt. Hr. von
Liebig äußert sich über diese Erscheinungen folgen=
dermaßen: „Die Ackerkrume zersetzt alle Lösungen
der pflanzennährenden Stoffe und läßt kei=
nen derselben durch, sondern hält sie zurück und
läßt nur entbehrliche Stoffe entweichen, so daß Re=
genwasser dem Boden keine Pflanzennahrung ent=
zieht. Schüttet man eine Wasserglaslösung auf
Erde, so ist in dem Durchlauf keine Spur von Kali
und nur unter gewissen Umständen Kieselerde zu
entdecken. Ebenso ist es mit Lösungen von phos=
phorsaurer Kalk= und Bittererde (in kohlensaurem
Wasser) 2c. 2c. Kochsalzlösung läuft durch; Chlor=
kaliumlösung wird zersetzt, der Durchlauf enthält
Chlorcalcium. Bei schwefelsaurem und salpetersau=

rem Natron werden von dem Natron nur Spuren zurückgehalten, bei schwefelsaurem und salpetersaurem Kali bleibt alles Kali zurück. Aus gefaulter Jauche, Gülle, Guano nimmt Erde alles Ammoniak, Kali und Phosphorsäure auf". Aus diesen Erscheinungen zieht Hr. v. Liebig den Schluß, „die Annahme, daß die Nahrungsmittel der Pflanzen gelöst sein müssen, um von den Wurzeln aufgenommen zu werden, sei ein großer Irrthum; es scheine vielmehr die große Mehrzahl der Kulturpflanzen darauf angewiesen, ihre Nahrung unmittelbar von den Theilen der Ackererde zu empfangen, welche sich mit den Wurzeln in Berührung befinden und abzusterben, wenn ihnen die Nahrung in einer Lösung zugeführt wird". Hr. v. Liebig nimmt hiernach an, daß die disponiblen Nährstoffe der Pflanzen im ungelösten Zustande im Boden vorhanden seien und daß die Pflanzen das Vermögen besitzen, durch ihre Wurzeln eine neue Lösung derselben zu bewirken, da sie doch nur im gelösten Zustande in diese eindringen können. Da Versuche zeigten, daß Gemüsepflanzen, sorgfältig ausgehoben und dann die Wurzeln in blaue Lackmustinktur gestellt, diese roth färben, also eine Säure ausscheiden, welche, da die Tinktur durch Kochen wieder blau wird, keine andere als Kohlensäure sein kann, so schreibt Hr. v. Liebig dieser Kohlensäure die neue Lösung der fraglichen Stoffe zu. Der beschriebene Versuch beweist auf unzweideutige Weise, daß eben

so wie die überirdischen nichtgrünen Pflanzentheile
auch die Wurzeln Kohlensäure ausscheiden, und es
kann nicht fehlen, daß diese Kohlensäure in Verbin=
dung mit der übrigen im Boden vorhandenen auf
manche Substanzen lösend wirkt. Was aber den
von Hrn. v. Liebig hervorgehobenen großen Irrthum
betrifft, so wird eine genauere Betrachtung der Er=
scheinungen überzeugend ergeben, daß nur Hr. von
Liebig sich in einem solchen befindet.

Zunächst will ich darauf aufmerksam machen,
daß Hr. v. Liebig sich gezwungen sieht, einen we=
sentlichen Unterschied zwischen Landpflanzen und See=
pflanzen zu machen: „während die Seegewächse ihren
ganzen Bedarf an diesen Stoffen (den unverbrenn=
lichen) von dem umgebenden Medium im gelösten
Zustande empfangen, führt das Wasser, welches den
fruchtbaren Ackerboden durchdringt, keinen der drei
wichtigsten und wesentlichsten Nahrungsstoffe (Phos=
phorsäure, Kali, Ammoniak) den Wurzeln der Land=
pflanzen zu". Dieses ist, unbefangen betrachtet, eine
reine Hypothese. Von andern Wasserpflanzen spricht
Hr. von Liebig nicht; wie soll es denn mit diesen
sein? Den im Wasser befindlichen nicht grünen
Theilen dieser Pflanzen wird auch Hr v. Liebig das
Vermögen, Kohlensäure auszuscheiden, nicht absprechen. Noch auffallender ist folgende Bemerkung:
„ein an organischen Materien armer Thonboden
oder Kalkboden entzieht der Lösung von kieselsaurem
Kali alles Kali und alle Kieselsäure, der an orga=

nifchen Materien (Humus) reiche entzieht das Kali,
aber die Kiefelfäure bleibt in der Flüffigkeit gelöſt
zurück. Diefes Verhalten erinnert unwillkürlich
an die Wirkung, welche verwefende Pflanzenüberreſte
im Boden auf die Entwickelung der Pflanzen aus=
üben, welche große Mengen von Kiefelfäure bedür=
fen, wie die Halmgewächfe, Schilf und Schachtel=
halm, welche letztere im fogenannten fauren Moor=
und Wiefenboden vorherrfchen; wird diefer Boden
gekalkt, fo verfchwinden bekanntlich diefe Pflanzen
und machen befferen Futtergewächfen Platz". Durch
das Kalken des fauren Bodens allein werden Schilf
und Schachtelhalm nicht vertrieben, wenn nicht eine
völlige Trockenlegung hinzukommt; durch beides,
wodurch die Befchaffenheit des Bodens aber völlig um=
geändert wird, wird übrigens nur das Schilf, kei=
neswegs der Schachtelhalm vertrieben, zu deffen Ver=
tilgung es leider noch immer an einem wirkfamen
Mittel fehlt. Wenn nun Hr. v. Liebig fagt, daß
der humofe (alfo auch der fumpfige) Boden die Kie=
felfäure aus ihrer Löfung nicht abfcheide, fo kön=
nen doch die in folchem Boden wachfenden Kiefel=
pflanzen ihre Kiefelerde nur aus deren Löfung zie=
hen; das Schilf vergeht denn auch, wenn diefe Lö=
fung fehlt. Die Halmgewächfe dagegen würden den
reichften Ertrag auf folchen Ackerböden geben, die
ihnen, nach Hrn v. Liebig's Meinung, ein wahres
Uebermaß an Kiefelfäure darzubieten vermöchten.

Uebrigens müßte es wahrlich ganz wunderbar

erscheinen, wenn (wie Hr. v. Liebig ausdrücklich an=
nimmt) zuerst eine Lösung der Pflanzennährstoffe
im Boden erforderlich wäre, damit der Boden sie
aus der Lösung wieder ausscheiden könne, und so=
dann die Pflanzenwurzeln eine ganz besondere Thä=
tigkeit ausüben müßten, um eine neue Lösung der
fraglichen Stoffe zu bewirken und sie so aufnehmen
zu können. Wie könnte aber überhaupt durch
das in den Boden bringende Regenwasser,
nach den Ansichten des Hrn. v. Liebig, die
vorläufige Lösung der in Rede stehenden
Stoffe bewirkt werden? Ich sehe dazu keine
Möglichkeit und bezweifle auch, daß Hr. v. Liebig
sich diese Frage vorgelegt hat.

Betrachten wir die Erscheinungen, um die es
sich handelt, genauer, so ergiebt sich sogleich eine
ganze andere Deutung derselben. Uebergießt man
nämlich eine Portion Erde reichlich mit einer wäs=
serigen Flüssigkeit, so fließt nur ein Theil derselben
hindurch, eine gewisse von der Beschaffenheit der Erde
abhängige Menge der Flüssigkeit aber bleibt in der
Erde, in Folge ihres Wasserhaltungsvermögens,
welches bekanntlich eine der wichtigsten Eigenschaf=
ten der Ackererden (überhaupt allen Substanzen von
erdigem Aggregatzustande eigen), nach ihrer Be=
schaffenheit aber unendlich verschieden ist, zurück.
Wenn nun die Flüssigkeit eine Lösung von Sub=
stanzen ist, auf welche die Erde absorbirend wirkt,
so muß offenbar die in dieser zurückgebliebene Flüs=

figkeit eine concentrirtere Lösung sein, während
eine mehr oder minder verdünnte abfließt. Bei dem
Zustande von Durchnässung, in welchem die Erd=
masse sich befindet, kann unmöglich daran gedacht
werden, daß die Erdtheilchen die Substanzen, auf
welche sie anziehend wirken, von dem Wasser, in
welchem sie gelöst sind, zu trennen vermögten. Rich=
tet man es so ein, daß auf die Erde nicht mehr von
der Flüssigkeit geschüttet wird, als sie zurück zu hal=
ten vermag, so wird dieselbe durch die Erde gar
keine Veränderung erleiden. Um uns zu überzeu=
gen, daß diese Ansichten die richtigen sind, dürfen
wir nur die Vegetation im Großen während verschie=
dener Witterungszustände beobachten. Es findet
sich nämlich, daß unsere Landpflanzen zu ihrer kräf=
tigsten Entwickelung nur eine mäßige Menge Was=
ser bedürfen; die Vegetation derselben ist immer am
kräftigsten, wenn der Boden nur durch vorüberge=
hende Regen mäßig angefeuchtet wird. Sobald die
Nässe im Boden mehr zunimmt, auch wenn sie die
seinem Wasserhaltungsvermögen entsprechende Menge
noch lange nicht erreicht (was überhaupt nur vor=
übergehend der Fall sein kann), werden die Pflan=
zen schlaff, nehmen eine übermäßige Ausdehnung an
und bilden unkräftige Samenkörner, wie dieses in
allen nassen Sommern der Fall ist. Wir sehen also,
daß die Pflanzen eine gewisse Concentration ihrer
im Wasser gelösten Nahrung bedürfen. Das See=
wasser ist an sich schon eine concentrirtere Lösung,

als den Landpflanzen geboten wird. Die Süßwasserpflanzen zeigen dagegen sämmtlich (einige Kieselpflanzen etwa ausgenommen) eine schlaffe wässerige Beschaffenheit. Die Concentration der im Boden befindlichen Lösungen ist übrigens immer nicht bedeutend und der Landwirth würde daher nicht wohl thun, sehr concentrirte Düngemittel für seine Kulturpflanzen zu verwenden.

Hr. v. Liebig nimmt an, daß das Absorptionsvermögen des Ackerbodens für gelöste Substanzen sich nur auf die in Lösung befindlichen Pflanzennährmittel erstrecke. Mir erscheint diese Beschränkung in der That zu willkürlich und der Natur nicht entsprechend. Es wird noch sehr zahlreicher Versuche zur weiteren Aufklärung dieses wichtigen Gegenstandes bedürfen; Hrn. v. Liebig's Angaben reichen dazu nicht hin. Eben so kann die Meinung, daß alle Pflanzennährmittel vom Boden absorbirt werden, nicht zutreffend sein, da Kochsalz und mehre salpetersaure Salze, deren Nährkraft doch nicht zu bezweifeln ist, leicht durchfließen. ·

Die chemischen Veränderungen, welche manche Lösungen bei ihrem Durchgang durch Erden erleiden, können dem bloßen Absorptionsvermögen der Erden nicht zugeschrieben werden, sondern nur Folgen chemischer Zersetzungen sein. Ob dabei das Absorptionsvermögen irgend einen Einfluß ausübt, kann nur durch Versuche ausgemittelt werden.

Das in Rede stehende Absorptionsvermögen des

Ackerbodens hat die wichtige Folge, daß demselben
durch den auffallenden Regen die darin enthaltenen
wichtigen Stoffe (wenigstens größtentheils) nur in
verhältnißmäßig geringem Grade entzogen werden
können. Die Bodenarten verhalten sich dabei jedoch
unendlich verschieden. Am größten ist das Ab=
sorptionsvermögen bei den fruchtbaren thonigen Er=
ben, am geringsten beim Sande. Auch giebt es für
dasselbe eine jedem Boden eigenthümliche Sättigungs=
gränze, über welche hinaus die Absorption aufhört.
Diese Sättigungsgränze steht jedenfalls in einer
nahen Beziehung zu dem Wasserhaltungsvermögen
der Erben; im allgemeinen steigt und fällt sie mit
diesem. Wird sie überschritten, so kann der in Lö=
sung befindliche Stoff nicht vollständig vom Boden
zurückgehalten werden, sondern fließt zum Theil ge=
löf't hindurch. Hieraus folgt für die Praxis die
wichtige Regel, daß lösliche Düngemittel, wenn sie
vor der Auslaugung durch den Regen geschützt wer=
den sollen, nur in mäßigen, übrigens nach der Be=
schaffenheit des Bodens sehr verschiedenen Mengen
angewandt werden dürfen.

Man darf übrigens nicht glauben, daß, wenn
man eine Ackererde mit reinem Wasser übergießt,
der Durchlauf gar keine Spuren von den in der
Erde befindlichen löslichen Pflanzennährstoffen ent=
halte; bei zahlreichen von mir ausgeführten Ver=
suchen dieser Art habe ich meistens deutliche Reak=
tionen auf Schwefelsäure, Kalk= und Bittererde,

Chlor, sogar auf Phosphorsäure, Kali und Ammoniak erhalten.

### III. Herrn v. Liebig's Naturgesetze und Anderes.

Hr. v. Liebig hat versucht, seine Ansichten über die Erschöpfung des Bodens und über die Abhängigkeit des Ertrags von der im Boden vorhandenen Pflanzennahrung in der Form von Naturgesetzen darzustellen. Ich gestehe mit Bedauern, daß dieser Versuch mir gänzlich mißlungen zu sein scheint.

Das auf die Bodenerschöpfung sich beziehende Gesetz drückt Hr. v. Liebig folgendermaßen aus: „Die Kraft verzehrt sich im Gebrauche und erholt sich im Ersatze," wahrlich ein seltsamer Ausspruch, dessen Weisheit mir verborgen geblieben ist. Was für eine Kraft kann hier gemeint sein? eine Naturkraft gewiß nicht, denn die Naturkräfte sind unveränderlich und können nicht verbraucht, verzehrt werden. Verzehrt, erschöpft werden nur die sogenannten mechanischen Kräfte durch die Arbeitsleistung, die man durch ihre Hülfe vollbringt. Solche Kräfte sind aber bei der Bodenerschöpfung nicht thätig, sondern es handelt sich dabei ganz einfach um die Zehrung von einem Vorrathe, bei welchem es sich eben fragt, ob und wie weit er der Erschöpfung unterliegt, welches Sachverhältniß etwa durch folgendes Gleichniß ausgedrückt werden kann: Wenn man aus einem gefüllten Scheffel mit einer Hand fortwährend etwas herausnimmt und mit der andern wieder eben so viel hineinlegt, so bleibt der Scheffel gefüllt; fehlt der Ersatz, so wird der Scheffel mit der Zeit leer.

Für die Berechnung des Ertrags aus der Bodennahrung stellt Hr. v. Liebig die Formel auf

$$E = N - W$$

und bemerkt dazu: „das große E in dieser Formel bedeutet Ertrag (Korn, Kartoffeln, Rüben zc.) das N bedeutet Nahrung (Phosphorsäure, Kali, Ammoniak zc.), W heißt Widerstand." Daß diese Formel nur wie eine mathematische aussieht, räume ich ohne weiteres ein, denn einen mathematischen Sinn enthält sie wahrlich nicht. Oder wie soll man es anfangen, von dem in Pfunden ausgedrückten Nahrungsvorrath einen Widerstand abzuziehen, der doch auch in Pfunden ausgedrückt sein müßte, und was versteht Hr. v. Liebig hier eigentlich unter dem Worte Widerstand?

Mathematisch gebildete Landwirthe haben die Aufgabe vorlängst in anderer Weise zu lösen versucht. v. Wulffen hat in seinen Arbeiten über die Statik des Landbaues die Formel angenommen

$$E = R . T,$$

worin E ebenfalls den Ertrag, R die vorhandene Menge disponibler Pflanzennahrung im Boden, den sogenannten Reichthum des Bodens, T aber einen von der Bodenart abhängigen ächten Bruch bedeutet, welcher ausdrückt, der wievielste Theil der disponiblen Bodennahrung (denn es ist immer, auch unter

den günstigsten Umständen, nur ein Theil derselben)
in abzuerntende Pflanzensubstanz verwandelt wird.
Dieser Bruch ist das Maß der sogenannten Thä=
tigkeit des Bodens. Diese Formel hat einen deut=
lichen Sinn, leidet jedoch an der Unvollständigkeit,
daß sie den Einfluß der Witterung nicht berücksichtigt.

Man kann die Aufgabe noch allgemeiner auffas=
sen und den Ertrag als eine unbestimmte Funktion
aller darauf einwirkenden Agentien darstellen. Be=
zeichnen wir die im Boden vorhandene Menge dis=
ponibler Pflanzennahrung mit $n$, das Maß der Ein=
wirkung des Bodens, vermöge seiner ganzen natür=
lichen Beschaffenheit, mit $b$, das Maß der Einwir=
kung der Witterung mit $w$ und mit $C$ eine Kon=
stante, so kann man setzen

$$E = C \cdot f\,(n,\, b,\, w),$$

wo denn die Konstante $C$ denjenigen Ertrag ausdrückt,
welcher erfolgt, wenn die Größen $n$, $b$, $w$ mittlere
Werthe haben, wodurch die Funktion $f\,(n, b, w) = 1$
wird, d. h. mit andern Worten den Durchschnitts=
ertrag. Dem entsprechend muß die Konstante $C$ für
die verschiedenen Kulturpflanzen verschiedene Werthe
erhalten. Da jedoch die Entwickelung der Pflanzen
niemals ohne Störungen erfolgt (wie überhaupt
nichts in der Natur), so hat man noch ein das
Maß dieser Störungen (Schneckenfraß, Mäusefraß,
Insektenfraß, Hagelschlag, Ueberschwemmung ꝛc.) aus=
drückendes subtraktives Glied hinzuzufügen, welches
die Form $z \cdot f\,(n, b, w)$ haben wird, wo $z$ einen Bruch

darstellt, der höchstens den Werth der Einheit anneh=
men kann; wir haben also schließlich die Gleichung:
$$E = C. (1 - z) f (n, b, w).$$
Unter günstigsten Umständen, d. h. bei Abwesenheit
jeder Störung, würde $z = o$ sein und die Formel in
die vorige übergehen; im Gegentheil wird bei völli=
ger Zerstörung einer Ernte $z = 1$ und dadurch $E = o$
werden. Unsere Formel läßt erkennen, daß $E$ für
sehr verschiedene Werthe von $n$, $b$, $w$ denselben
Werth haben kann, in welchem Falle $n$ desto größer
sein muß, je kleiner $b$ und $w$ sind. Daher muß in
einem ungünstigen Klima oder bei ungünstiger Jah=
reswitterung die Menge der disponiblen Pflanzen=
nahrung im Boden größer sein, als in einem gün=
stigen Klima und bei günstiger Jahreswitterung,
wenn der Ertrag unter diesen verschiedenen Umstän=
den derselbe sein soll. Bei vergleichenden landwirth=
schaftlichen Kulturversuchen bleibt $w$ unberücksichtigt.
Die Ergebnisse derselben sind daher unvollständig
und gelten begreiflich nur für das Jahr, in welchem
sie ausgeführt wurden. Sollen solche Versuche Re=
sultate von allgemeinerer Gültigkeit geben, so müssen
sie oft wiederholt werden, wobei denn freilich wieder
die Schwierigkeit eintritt, daß $n$ und $b$ in verschie=
denen Jahren verschiedene Werthe haben. Man sieht
hieraus, wie schwierig es ist, zu sicheren landwirth=
schaftlichen Erfahrungen zu gelangen.

Was nun den praktischen Werth der in Rede
stehenden Ertragsformeln betrifft, so muß ich leider

bekennen, daß sie einen solchen nicht haben; bei genauerer Prüfung erweisen sie sich in der That als illusorisch, denn

1. fehlt in denselben die Luftnahrung, welche die Erträge wesentlich mit herbeiführt, durch eine Zahl aber gar nicht dargestellt werden kann, was im Grunde auch mit den übrigen Größen $n$, $b$ und $w$ der Fall ist; denn

2. sind die Größen $n$, $b$ und $w$ keine beständige; $n$ und $b$ unterliegen einer fortwährenden Aenderung, insofern sie von der veränderlichen Witterung ($w$), von der Bodenbearbeitung, von der Vegetation selbst (man bedenke nur die große Verschiedenheit in den Wirkungen der Halm=, Blatt= und Hackfrüchte 2c.) in jedem Augenblick modifizirt werden.

3. Zur Bestimmung von $z$ fehlen uns ebenfalls alle Mittel.

Man muß daher wohl die Möglichkeit einer irgend zutreffenden Vorausberechnung der Ernteerträge bezweifeln.

In seinem letzten Briefe stellt Hr. v. Liebig uns die Chinesen mit ihrer bekannten unermüdlichen und erfinderischen Betriebsamkeit als Muster im Pflanzenbau auf und führt Zahlen an, welche die außerordentliche und sonst unerreichte Größe der chinesischen Ackererträge beweisen sollen. Es wird angegeben, daß die Chinesen durch ihre sorgfältige Behandlung des Samens 2c. 2c. einen 120fältigen Ertrag beim Weizen zu erzielen wissen. Ohne irgend zu bestrei=

ten, daß wir beim Pflanzenbau gar manches von
den Chinesen lernen können, muß ich doch bemerken,
daß Angaben, wie die in Rede stehende, durchaus
keinen Werth haben. Auch auf unsern Feldern kann
man ähnliches finden, wenn man die zu einer Pflanze
gehörigen Aehren und die darin enthaltenen Körner
zählt, deren ganze Menge, als von einem einzigen
Korne abstammend, die Vervielfältigung desselben un=
mittelbar ausdrückt. Damit ist aber nichts gesagt;
es kommt vielmehr in allen Fällen darauf an zu
wissen, wie groß der Ertrag von einer bestimm=
ten Ackerfläche ist. Vergleicht man diesen mit der
landüblichen Aussaatmenge für dieselbe Acker=
fläche, so ergiebt der Quotient die Vermehrung der=
selben in der Ernte; man sagt dann, man habe das
fünfte, sechste, siebente 2c. 2c. Korn geerntet. An
der landüblichen Aussaatmenge kann man frei=
lich durch eine sorgfältige Auswahl, Behandlung
und Ausstreuung des Samens 2c. recht ansehn=
lich sparen, ohne den Ernteertrag dadurch zu ver=
mindern; vermehrt wird er dadurch aber im wesent=
lichen nicht. Die in dem Ernteertrage enthaltene
Vermehrung der Aussaatmenge bietet also nur ei=
nen ganz unbestimmten und deshalb unbrauchbaren
Maßstab dar. Die Ackererträge in hochkultivirten
Gegenden kennen zu lernen, ist übrigens vom größ=
ten Interesse. Schon unsere älteren landwirthschaft=
lichen Lehrbücher enthalten zum Theil sehr interes=
sante Angaben dieser Art, und ich nenne in dieser

Beziehung mit großer Befriedigung das zuerst vor 40 Jahren erschienene vortreffliche und allgemein als klassisch begrüßte Lehrbuch der Landwirthschaft von Burger.

Mit größter Anschaulichkeit und sichtlichem Wohlgefallen schildert Hr. v. Liebig uns die häuslichen vorzugsweise auf Düngergewinnung berechneten Einrichtungen der Chinesen. Daß diese Einrichtungen in der fraglichen Beziehung äußerst zweckmäßig sind, läßt sich nicht bestreiten; daß aber deutsche Sitte und deutsche Nasen sich zu einer solchen Höhe der Selbstverläugnung sollten erheben können, mit den fraglichen chinesischen Einrichtungen sich zu befreunden, ist mir doch in der That mehr als unwahrscheinlich.

Wenn ich zu Anfang dieses Vortrags mit Befriedigung Hrn. v. Liebig's unbedingte Anerkennung der Bedeutung des landwirthschaftlichen Hauptdüngers, des Stallmistes, anführen konnte, so darf ich doch nicht unerwähnt lassen, daß Hr. v. Liebig zu guter Letzt in seine alte Geringschätzung desselben zurückfällt, den Fruchtwechsel nach alter Gewohnheit für einen Verderber des Ackerbaus erklärt, die Entbehrlichkeit des Viehdüngers behauptet und die Trennung der Viehzucht vom Ackerbau fordert. Auf diese Expektorationen einzugehen, halte ich um so mehr für überflüssig, da ich mich bereits anderswo darüber ausgesprochen habe *), mögte aber zum Ab=

---

*) Vergl. meine Schrift „Ueber Fruchtfolge und Feldsysteme. 1856".

schied den gewiß von Vielen getheilten Wunsch aus=
zusprechen mir erlauben, daß es Hrn. v. Liebig ge=
fallen mögte, uns seine Goldkörner künftig ohne
den scharfen und tauben Sand zu spenden, aus wel=
chem sie bisher ausgelesen werden mußten. Der
Dank dafür würde sicherlich nicht fehlen!

Dürfte ich noch einen andern Wunsch ausspre=
chen, so wäre es der, daß unsere chemischen Ver=
suchsstationen sich unter andern auch die Aufgabe
stellen mögten, durch jährlich zu wiederholende Bo=
denanalysen eines und desselben Feldes auszumitteln,
in welcher Weise der Ackerboden allmälig durch seine
Benutzung zum Pflanzenbau verändert wird. Solche
Untersuchungen, lange genug fortgesetzt, würden dem
Landwirth mit der Zeit wichtige Fingerzeige für die
Behandlung seiner Felder geben können. In dieser
Beziehung haben die zahlreichen in neuerer Zeit, zum
Theil mit großer Sorgfalt und Mühe ausgeführten
Düngungsversuche zu befriedigenden Ergebnissen
noch nicht geführt. Diese Ergebnisse sind großen=
theils nur als örtliche und anderweit bedingte zu
betrachten, so daß Regeln von allgemeinerer Gül=
tigkeit sich daraus nicht ableiten lassen. Auch hat
man dabei häufig die Kulturen der Vorjahre zu we=
nig berücksichtigt, deren Einfluß sehr bedeutend sein
kann. Als ein Beispiel hierfür will ich nur die
Versuche von Schmidt\*) anführen, welche zu Gun=

---

\*) Henneberg Journal für Landwirthschaft. 1858, 1.

sten der Weizenbedüngung mit phosphorsaurem Kalk und Chilisalpeter einen Gewinn von beziehungsweise 4 Rthlr. 1 Sgr. 4 Pf. und 4 Rthlr. 19 Sgr. 6 Pf. pro Morgen gegen ungedüngten Weizen ergeben haben. Hierbei ist zu bemerken, daß das zu dem Versuche benutzte Ackerstück nach reiner mit 8 Fudern Kuhmist pro Morgen gedüngter Brache folgende Früchte getragen hat

1. Weizen  2. Hafer  3. Hülsenfrüchte  4. Weizen,

und daß bei dem letzten Weizen die Düngungsversuche ausgeführt wurden. Die angegebene Fruchtfolge leidet nun offenbar an einem erheblichen Fehler, da nach richtigen Grundsätzen der Hafer die letzte Frucht von allen hätte sein sollen, wodurch der zweite Weizen eine ungleich günstigere Stelle bekommen hätte; der Hafer, mit seinem großen Aneignungsvermögen, würde die Zurücksetzung viel eher als der Weizen ertragen haben. In der so veränderten Fruchtfolge

1. Weizen  2. Hülsenfrüchte  3. Weizen  4. Hafer

würde, bei Zusammenfassung der beiden letzten Ernten von Weizen und Hafer, das Ergebniß ohne Zweifel ein anderes geworden sein und das ungedüngte Stück würde aller Wahrscheinlichkeit nach im Ertrage viel weniger zurückgestanden haben, obgleich auch in diesem Falle die Aufeinanderfolge von vier reise Körner gebenden Ernten nach einer mäßigen Mistdüngung für eine wirthschaftlich fehlerhafte gehalten werden müßte. Je länger aber eine Düngung ausreichen soll, desto wichtiger ist die Wahl der Fruchtfolge. Auf die Abhängigkeit aller Versuchsergebnisse der fraglichen Art von der Jahreswitterung habe ich oben bereits aufmerksam gemacht.